高校入試 近道問題 01 式と計算

この本の特色

① コンパクトな問題集

　入試対策として必要な単元・項目を短期間で学習できるよう，コンパクトにまとめた問題集です。直前対策としてばかりではなく，自分の弱点を見つけ出す診断材料としても活用できるようになっています。

② 豊富なデータ

　英俊社の「高校別入試対策シリーズ」「公立高校入試対策シリーズ」を中心に豊富な入試問題から問題を厳選してあります。

③ 見やすい紙面

　紙面の見やすさを重視して，ゆったりと問題を配列し，途中の計算等を書き込むスペースをできる限り設けています。

④ 詳しい解説

　別冊の解答・解説には，多くの問題について詳しい解説を掲載しています。間違えてしまった問題や解けなかった問題は，解説をよく読んで，しっかりと内容を理解しておきましょう。

この本の内容

1 数の性質

1 次の問いに答えなさい。

(1) 絶対値が 4 より小さい整数の個数を求めなさい。（　　　　個）（岡山県）

(2) 3 つの数 a, b, c について，$ab < 0$，$abc > 0$ のとき，a, b, c の符号の組み合わせとして，最も適当なものを右のア〜エの中から 1 つ選び，記号で答えなさい。（　　　　）　　（鹿児島県）

	a	b	c
ア	+	+	−
イ	+	−	+
ウ	−	−	+
エ	−	+	−

(3) 150 を素因数分解しなさい。（　　　　　　）　　（青森県）

(4) 28 にできるだけ小さい自然数 n をかけて，その積がある自然数の 2 乗になるようにしたい。このとき，n の値を求めなさい。（　　　　　）（鹿児島県）

(5) $\dfrac{195}{28}$ をかけても，$\dfrac{135}{44}$ をかけても自然数になるような分数のうち，最も小さいものを求めなさい。（　　　　　）　　（近大附和歌山高）

(6) 1 から 30 までのすべての整数の積は，一の位から何個連続で 0 が並ぶかを答えなさい。（　　　　個）　　（立命館高）

(7) $(-3)^{123}$ の計算をしたとき，その結果の 1 桁目の数は何か答えなさい。（　　　　　）（兵庫大附須磨ノ浦高）

(8) $\dfrac{41}{333}$ を小数に直したとき，小数第 10 位の数を求めなさい。（　　　　　）

（大商学園高）

(9)　x, y を自然数とするとき，$3x + 5y = 60$ を成り立たせる x, y の値の組は全部で何組ありますか。（　　　　組）　　　　　　（報徳学園高）

(10)　ある自然数を 4 で割ると 2 余り，5 で割ると 3 余り，6 で割ると 4 余る。このような自然数のうち，200 に最も近い数を求めなさい。（　　　　　）
（城南学園高）

(11)　13 で割ったときの商と余りが等しい自然数のうち，100 以上であるものの個数を求めなさい。（　　　　個）　　　　　　（清明学院高）

(12)　自然数 a と 16 の最小公倍数が 112 である。$a < 16$ のとき，条件を満たす a の値をすべて求めなさい。（　　　　　）　　　　（あべの翔学高）

(13)　2020 以下の自然数 a と 36 の最大公約数が 6 であるとき，最も大きい自然数 a を求めなさい。（　　　　　）　　　　　　（福岡大附大濠高）

2　ある数 a の小数第 1 位を四捨五入すると 3 であった。a のとりうる値の範囲を不等号を用いて表したとき，　①　に適するものをア〜オから選びなさい。また，　②　に適する数を答えなさい。①（　　　）　②（　　　　　　）
（筑紫女学園高）

　　2.5　①　$a <$　②
ア　$<$　　イ　$>$　　ウ　$\leqq$　　エ　$\geqq$　　オ　$=$

3　地球の直径は約 12700km です。有効数字が 1，2，7 であるとして，この距離を整数部分が 1 けたの数と，10 の何乗かの積の形で表すと次のようになります。　①　と　②　にあてはまる数を書きなさい。
①（　　　　　）　②（　　　　　　）(埼玉県)

　　①　$\times 10$　②　km

2 整数の計算

1 次の計算をしなさい。

(1) $-2+7$ （　　　　　）

（大分県）

(2) $6-(-1)$ （　　　　　）

（石川県）

(3) $-7+15-11$ （　　　　　）

（昇陽高）

(4) $2-(-5)-9$ （　　　　　）

（高知県）

2 次の計算をしなさい。

(1) $(-5)\times 4$ （　　　　　）

（岡山県）

(2) $-9\div(-9)+1$ （　　　　　）

（博多女高）

(3) $-2\times 3+8$ （　　　　　）

（岩手県）

(4) $18\div(-6)-9$ （　　　　　）

（静岡県）

(5) $5\times(-2)-(-1)\times 3$

（　　　　　）（神戸国際大附高）

(6) $5\times(-3)-(-27)\div 9$

（　　　　　）（滋賀学園高）

4 —

3 次の計算をしなさい。

(1) $(-3)^2 + 7$ （　　　　　）

（山梨県）

(2) $5 - 3^2 \times 2$ （　　　　　）

（大分県）

(3) $(-4)^2 + (-7) \times 5$

（　　　　　）（福岡工大附城東高）

(4) $6^2 - (-4)^2$ （　　　　　）

（浪速高）

(5) $(-2)^3 - (-3^2)$

（　　　　　）（福岡舞鶴高）

(6) $-12 \times (-6)^2 \div (-3)^3$

（　　　　　）（綾羽高）

(7) $81 \div (-3)^3 + (-4^2)$

（　　　　　）（日ノ本学園高）

(8) $5 \times (-4)^2 - 2^3$ （　　　　　）

（中村学園女高）

(9) $-5^2 + (-3)^4 \div 3^2$

（　　　　　）

（ノートルダム女学院高）

(10) $3 \times (-2)^2 + 2 \times (-3)^2$

（　　　　　）（東福岡高）

4 次の計算をしなさい。

(1) $2 - 9 + 6 - 13$ （　　　　　）

（精華高）

(2) $13 - 16 - (-5) + (-10)$

（　　　　　）（大阪薫英女高）

(3) $\{8 - (-6 + 2)\} + (-5)$

（　　　　　）（大阪商大堺高）

(4) $(-3) \div 6 \times 4 - (-2)$

（　　　　　）（中村学園女高）

(5) $1 + 2 \times (3 - 8)$ （　　　　　）

（東海大付福岡高）

(6) $3 - 7 \times (5 - 8)$ （　　　　　）

（愛知県）

(7) $26 - (-4) \times (-13 - 4)$ （　　　　　）

（福岡大附若葉高）

(8) $4 + (6 - 2 \times 4) \div 2$ （　　　　　）

（神戸村野工高）

(9) $2 \times (2 - 3) \times 3 \times (5 - 3 \times 3)$ （　　　　　）

（箕面学園高）

(10) $7 - \{(-5) \times (-3) - (-4 - 2)\}$ （　　　　　）

（日ノ本学園高）

5 次の計算をしなさい。

(1) $-4^2 - 15 \times (2 - 5)$ （　　　　　） （中村学園女高）

(2) $2 \times (3^2 - 4) + (-3)^3 + (-4)^2$ （　　　　　） （花園高）

(3) $3 - 20 \div \{-6 - (-4^2)\} + 5$ （　　　　　） （筑陽学園高）

(4) $\{-3^2 \times 2 - (-2)^3\} \div 5$ （　　　　　） （奈良育英高）

(5) $\{6 - 5 \times (2 - 4)^2\} \div (-2)^3$ （　　　　　） （福岡大附若葉高）

(6) $(-3)^3 - \{(-6^2) \div (-6 - 2)^2 \times 4^2\}$ （　　　　　） （近畿大泉州高）

6 次の計算をしなさい。

(1) $2020^2 - 1980^2$ （　　　　　） （奈良学園高）

(2) $77^2 + 2 \times 77 \times 23 + 23^2$ （　　　　　） （興國高）

3 小数・分数の計算　近道問題

1 次の計算をしなさい。

(1) $-7.12 + (-8.03)$

（　　　　　）（箕面学園高）

(2) $-1.2 + 2.4 - 3.6$

（　　　　　）（興國高）

(3) $-0.5 - (-23.5) + 1.6 - 2.4$

（　　　　　）（大阪電気通信大高）

(4) $\dfrac{1}{2} - \dfrac{5}{6}$　　（　　　　　）

（福島県）

(5) $\dfrac{1}{2} - \dfrac{1}{3} - \dfrac{1}{4}$　　（　　　　　）

（大阪電気通信大高）

(6) $\dfrac{7}{6} - \left(\dfrac{1}{2} - \dfrac{1}{3}\right)$

（　　　　　）（橿原学院高）

2 次の計算をしなさい。

(1) $-\dfrac{2}{3} \times \left(-\dfrac{3}{4}\right)$

（　　　　　）（鳥取県）

(2) $\dfrac{9}{8} \div \left(-\dfrac{3}{4}\right)$　　（　　　　　）

（岡山県）

(3) $\dfrac{3}{8} \div \dfrac{5}{12} \div \left(-\dfrac{21}{25}\right)$

（　　　　　）（京都精華学園高）

(4) $-\dfrac{1}{6} \div \dfrac{4}{3} \times \left(-\dfrac{8}{5}\right)$

（　　　　　）（香ヶ丘リベルテ高）

3 次の計算をしなさい。

(1) $(-5)^2 \div \dfrac{5}{2}$ （　　　　　　） （金蘭会高）

(2) $\left(\dfrac{4}{15}\right)^2 \times \left(-\dfrac{5}{8}\right)^2$ （　　　　　　） （東大谷高）

(3) $(-2)^3 \times \dfrac{4}{15} \div (-2)^2$ （　　　　　　） （大阪夕陽丘学園高）

(4) $\dfrac{10}{3} \times \left(-\dfrac{3}{2}\right)^2 \div \dfrac{5}{6}$ （　　　　　　） （芦屋学園高）

(5) $\dfrac{7}{4} \div \left(-\dfrac{14}{3}\right) \times \left(-\dfrac{2}{3}\right)^2$ （　　　　　　） （博多女高）

(6) $\left(-\dfrac{3}{4}\right) \times \dfrac{27}{7} \div \left(-\dfrac{3}{2}\right)^3$ （　　　　　　） （神戸学院大附高）

(7) $\left(-\dfrac{2}{3}\right)^2 \div (-0.4)^2 \times \dfrac{27}{50}$ （　　　　　　） （太成学院大高）

(8) $(-3)^3 \div (-0.75) \times \dfrac{1}{4} \div (0.3)^2$ （　　　　　　） （神戸龍谷高）

4 次の計算をしなさい。

(1) $1 + (-0.2) \times 2$ (　　　　　) （秋田県）

(2) $9 \div \left(-\dfrac{1}{5}\right) + 4$ (　　　　　) （北海道）

(3) $\left(\dfrac{1}{3} - \dfrac{3}{4}\right) \div \dfrac{5}{6}$ (　　　　　) （山形県）

(4) $\dfrac{2}{3} - \dfrac{3}{5} \div \dfrac{9}{2}$ (　　　　　) （鹿児島県）

(5) $\dfrac{5}{12} \div \left(\dfrac{1}{3} - \dfrac{5}{9}\right) \times \dfrac{8}{3}$ (　　　　　) （中村学園女高）

(6) $-3 \times \left(-\dfrac{1}{6}\right) - 6 \div \left(-\dfrac{4}{3}\right)$ (　　　　　) （初芝立命館高）

(7) $-1.2 - \dfrac{7}{10} \div \left(-\dfrac{2}{5}\right)$ (　　　　　) （綾羽高）

(8) $-\dfrac{4}{15} \times \dfrac{9}{12} \div \dfrac{1}{3} + 0.6$ (　　　　　) （金光大阪高）

5 次の計算をしなさい。

(1) $-9 + (-2)^3 \times \dfrac{1}{4}$ 　（　　　　　　）　　　　　　（千葉県）

(2) $(-3)^2 + (-2^3) \times \left(\dfrac{1}{2}\right)^2$ 　（　　　　　　）　　　　　　（常翔学園高）

(3) $\dfrac{3}{2} + \left(\dfrac{1}{4} - \dfrac{1}{2}\right)^2 \times 8$ 　（　　　　　　）　　　　　　（開智高）

(4) $(1.5)^2 - 0.8 \times \dfrac{5}{8}$ 　（　　　　　　）　　　　　　（精華女高）

(5) $-3 - \dfrac{1}{2} \times (-2)^3 \div 0.25$ 　（　　　　　　）　　　　　　（滝川第二高）

(6) $\dfrac{2}{3} \times (-6)^2 + 0.25 \times (-2)^3 - 2^2$ 　（　　　　　　）　　　　　　（福岡大附若葉高）

(7) $-2^4 \times \left(-\dfrac{2}{3}\right) \div (-2)^2 - \dfrac{2}{3} \div \left(\dfrac{2}{5}\right)^2$ 　（　　　　　　）

（福岡大附大濠高）

(8) $-6^2 \times \left(-\dfrac{1}{2}\right)^3 \div 0.25 + \dfrac{2}{3} \div \left(-\dfrac{1}{3}\right)^2$ 　（　　　　　　）

（大阪女学院高）

4 平方根の性質

1 次の文を読んで，正しいものには○を，間違っているものには×を解答欄に記入しなさい。 (西南学院高)

① 49 の平方根は 7 と − 7 である。(　　　)

② $\sqrt{400} = \pm 20$ である。(　　　)

③ $\sqrt{(-9)^2} = -9$ である。(　　　)

④ $\sqrt{2} + \sqrt{8} = \sqrt{10}$ である。(　　　)

⑤ $-\sqrt{\dfrac{9}{25}} = -\dfrac{3}{5}$ である。(　　　)

2 次の問いに答えなさい。

(1) -3 と $-2\sqrt{2}$ の大小を，不等号を使って表しなさい。(　　　　　)

(福島県)

(2) 次のア〜エの 4 つの数について，小さい方から数えて 2 番目に大きい数を選び，記号で答えなさい。(　　　) (上宮太子高)

ア $\dfrac{3}{5}$ 　イ $\sqrt{\dfrac{3}{5}}$ 　ウ $\dfrac{\sqrt{3}}{5}$ 　エ $\dfrac{3}{\sqrt{5}}$

3 次の問いに答えなさい。

(1) $\sqrt{13} < x < 5\sqrt{2}$ をみたす整数 x の個数を求めなさい。(　　　個)

(中村学園女高)

(2) $4 < \sqrt{n} < 5$ をみたす自然数 n の個数を求めなさい。(　　　個)

(石川県)

(3) $4 < \sqrt{a} < \dfrac{13}{3}$ に当てはまる整数 a の値を全て求めなさい。(　　　　　)

(広島県)

4 次の問いに答えなさい。

(1) $\sqrt{180a}$ が自然数となるような自然数 a のうち，最も小さい数を求めなさい。（　　　　　） (香川県)

(2) $\sqrt{\dfrac{540}{n}}$ が自然数となるような，最も小さい自然数 n の値を求めなさい。

（　　　　　）(神奈川県)

(3) $\sqrt{13 + 2n}$ が2桁の整数となるような，最小の正の整数 n を求めなさい。

（　　　　　）(東海大付福岡高)

(4) $\sqrt{40 - 8n}$ が整数となるような正の整数 n の個数を求めなさい。

（　　　　個）(福岡工大附城東高)

5 次の問いに答えなさい。

(1) 無理数であるものを，次のア〜オからすべて選び，記号を書きなさい。

（　　　　　）(長野県)

ア　0.7　　イ　$-\dfrac{1}{3}$　　ウ　π　　エ　$\sqrt{10}$　　オ　$-\sqrt{49}$

(2) $\sqrt{10}$ の小数部分は，ア〜エのうちではどれですか。1つ答えなさい。

（　　　　　）(岡山県)

ア　$\sqrt{10} - 3$　　イ　$\sqrt{10} - 4$　　ウ　$\dfrac{\sqrt{10}}{3}$　　エ　$\dfrac{\sqrt{10}}{4}$

(3) $\sqrt{2} = 1.414$ として，$\dfrac{1}{\sqrt{2}}$ の値を求めなさい。（　　　　　）

(神戸常盤女高)

(4) $\sqrt{2} = 1.414$，$\sqrt{20} = 4.472$ のいずれか，または両方を利用して，$\sqrt{0.2}$ の近似値を求めなさい。（　　　　　）　　　　　(初芝富田林高)

5 平方根の計算

1 次の計算をしなさい。

(1) $6\sqrt{5} - 4\sqrt{5}$ （　　　　　）
（大阪府）

(2) $4\sqrt{3} + \sqrt{12}$ （　　　　　）
（沖縄県）

(3) $\sqrt{72} - \sqrt{8}$ （　　　　　）
（岡山県）

(4) $\sqrt{48} + 5\sqrt{3} - \sqrt{12}$
（　　　　　）（秋田県）

(5) $\sqrt{50} - 2\sqrt{8} + \sqrt{18}$
（　　　　　）（大阪電気通信大高）

(6) $\sqrt{45} - 5\sqrt{20} + 4\sqrt{5}$
（　　　　　）（賢明学院高）

2 次の計算をしなさい。

(1) $2\sqrt{3} \times 5\sqrt{7}$ （　　　　　）
（滋賀学園高）

(2) $\sqrt{3} \times \sqrt{51}$ （　　　　　）
（京都光華高）

(3) $\sqrt{12} \times \sqrt{2} \div \sqrt{6}$
（　　　　　）（宮崎県）

(4) $\sqrt{12} \div \sqrt{54} \times \sqrt{8}$
（　　　　　）（博多女高）

3 次の計算をしなさい。

(1) $\sqrt{18} - \dfrac{4}{\sqrt{2}}$ （　　　　）

（大分県）

(2) $4\sqrt{12} - \dfrac{6}{\sqrt{3}}$ （　　　　）

（東海大付福岡高）

(3) $5\sqrt{6} - \sqrt{24} + \dfrac{18}{\sqrt{6}}$

（　　　　）（鳥取県）

(4) $5\sqrt{3} + 4\sqrt{27} - \dfrac{12}{\sqrt{3}}$

（　　　　）（京都精華学園高）

(5) $\sqrt{\dfrac{32}{3}} - \dfrac{14}{\sqrt{6}} + \sqrt{24}$

（　　　　）（仁川学院高）

(6) $\sqrt{72} - 2\sqrt{12} - \dfrac{2}{\sqrt{2}} + \dfrac{15}{\sqrt{3}}$

（　　　　）（清明学院高）

4 次の計算をしなさい。

(1) $\sqrt{14} \times \sqrt{2} + \sqrt{7}$

（　　　　）（新潟県）

(2) $5\sqrt{2} \times \sqrt{10} - \sqrt{125}$

（　　　　）（関西創価高）

(3) $\sqrt{27} + 4\sqrt{6} \div \sqrt{2}$

（　　　　）（高知県）

(4) $\dfrac{1}{\sqrt{2}} \times 3\sqrt{72} - \dfrac{20}{\sqrt{8}} \div \sqrt{50}$

（　　　　）（大阪産業大附高）

5 次の計算をしなさい。

(1) $\dfrac{12}{\sqrt{3}} - 3\sqrt{6} \times \sqrt{8}$

（　　　　　）（千葉県）

(2) $\sqrt{54} - \sqrt{7} \times \sqrt{42} + \dfrac{6\sqrt{2}}{\sqrt{3}}$

（　　　　　）（中村学園女高）

(3) $\dfrac{3}{\sqrt{2}} + \left(-\dfrac{4}{\sqrt{2}}\right)^3$

（　　　　　）（神戸学院大附高）

(4) $\sqrt{24} - \sqrt{18}\,(\sqrt{27} - \sqrt{48})$

（　　　　　）（東福岡高）

(5) $(\sqrt{18} + \sqrt{27}) \times \sqrt{3} - \dfrac{4\sqrt{3}}{\sqrt{2}}$

（　　　　　）（筑陽学園高）

(6) $(\sqrt{98} - \sqrt{18}) \div \sqrt{3} \times \sqrt{6}$

（　　　　　）（光泉カトリック高）

(7) $\dfrac{\sqrt{6} + \sqrt{12}}{\sqrt{18}} - \dfrac{\sqrt{2}}{2\sqrt{3}}$

（　　　　　）（京都廣学館高）

(8) $(\sqrt{12} - 3) \div \dfrac{\sqrt{3}}{\sqrt{2}} + \sqrt{32}$

（　　　　　）（三田学園高）

(9) $\sqrt{3} - \dfrac{2}{\sqrt{2}} + \dfrac{\sqrt{6} - 2}{\sqrt{3}}$

（　　　　　）（四天王寺東高）

(10) $\dfrac{3\sqrt{6} + 4}{\sqrt{2}} - \dfrac{\sqrt{6} + 3}{\sqrt{3}}$

（　　　　　）（早稲田摂陵高）

6 次の計算をしなさい。

(1) $(3\sqrt{2} - \sqrt{5})(\sqrt{2} + \sqrt{5})$ (　　　　) （三重県）

(2) $(\sqrt{7} + \sqrt{5})(\sqrt{7} - \sqrt{5})$ (　　　　) （岡山県）

(3) $(\sqrt{5} - 1)(\sqrt{5} + 4)$ (　　　　) （岩手県）

(4) $(\sqrt{2} - \sqrt{3})^2$ (　　　　) （明浄学院高）

(5) $(\sqrt{5} + \sqrt{18})(\sqrt{45} - \sqrt{72})$ (　　　　) （神戸村野工高）

(6) $(\sqrt{3} + 2)^2 - 4\sqrt{3}$ (　　　　) （長崎県）

(7) $(\sqrt{3} + \sqrt{2})(2\sqrt{3} + \sqrt{2}) + \dfrac{6}{\sqrt{6}}$ (　　　　) （愛媛県）

(8) $(3 + \sqrt{3})^2 - (\sqrt{5} + \sqrt{2})(\sqrt{5} - \sqrt{2})$ (　　　　) （金光大阪高）

(9) $(\sqrt{20} - \sqrt{8})(\sqrt{5} + \sqrt{2}) - (\sqrt{5} - 1)^2$ (　　　　) （西南学院高）

6 文字と式

1 次の問いに答えなさい。

(1) 5人が a 円ずつ出して，b 円の品物を3個買ったとき，おつりが出た。そのおつりを a, b を用いて表しなさい。（　　　　　円）　　　（興國高）

(2) ある工場で今月作られた製品の個数は a 個で，先月作られた製品の個数より 25 ％増えた。
このとき，先月作られた製品の個数を a を使った式で表しなさい。
（　　　　　個）（福島県）

(3) 周の長さが a cm の長方形があります。縦の長さが b cm のとき，横の長さを a, b を使って表しなさい。（　　　　　cm）　　　（筑陽学園高）

(4) ある地点から，時速40km の車に a 時間乗り，さらに時速4km で b 時間歩いて，84km 離れた目的地に着いた。このとき，b を a の式で表しなさい。
$b = ($　　　　　$)$（高知県）

(5) 濃度 a ％の食塩水 200g と，濃度 b ％の食塩水 100g を混ぜ合わせてできる食塩水に含まれる食塩の量を a, b を使って表しなさい。
（　　　　　g）（福岡舞鶴高）

2 次の問いに答えなさい。

(1) a 個のあめを 10 人に b 個ずつ配ったところ，c 個余った。この数量の関係を等式に表しなさい。$a = ($　　　　　$)$　　　（愛知県）

(2) 100g あたり a 円の牛肉を 300g と，100g あたり b 円の豚肉を 500g 買ったときの代金の合計が 1685 円だった。この数量の関係を等式で表しなさい。ただし，すべての金額は消費税を含んでいるものとする。（　　　　　）

（島根県）

3 次の問いに答えなさい。

(1) ある数 x を 3 倍した数は，ある数 y から 4 をひいて 5 倍した数より小さい。これらの数量の関係を不等式で表しなさい。（　　　　　）　　（富山県）

(2) A 地点から B 地点まで，初めは毎分 60m で a m 歩き，途中から毎分 100m で b m 走ったところ，20 分以内で B 地点に到着した。この数量の関係を不等式で表しなさい。（　　　　　）　　（栃木県）

(3) 長さ a m のリボンから長さ b m のリボンを 3 本切り取ると，残りの長さは 5 m 以下であった。この数量の関係を不等式で表しなさい。（　　　　　）　　（千葉県）

4 次の問いに答えなさい。

(1) $V = \dfrac{1}{3}Sh$ を h について解きなさい。$h = ($　　　　　$)$　　（精華女高）

(2) $3(4x - y) = 6$ を y について解きなさい。$y = ($　　　　　$)$　　（香川県）

(3) $a = \dfrac{5b + 4c}{3}$ を b について解きなさい。$b = ($　　　　$)$（九州国際大付高）

(4) $\dfrac{1}{x} + \dfrac{1}{y} = \dfrac{1}{z}$ を x について解きなさい。$x = ($　　　　$)$（大阪国際高）

7 単項式の乗除

1 次の計算をしなさい。

(1) $6ab \times \left(-\dfrac{3}{2}a \right)$ （　　　　　）

（岡山県）

(2) $63a^2b \div 9ab$ （　　　　　）

（大阪府）

(3) $6xy \div \dfrac{2}{3}x$ （　　　　　）

（岐阜県）

(4) $\dfrac{9}{4}xy^3 \div \dfrac{3}{2}xy$ （　　　　　）

（石川県）

2 次の計算をしなさい。

(1) $6ab^2 \div b \times 3a$ （　　　　　）

（沖縄県）

(2) $4x \times \dfrac{2}{5}xy \div 2x^2$ （　　　　　）

（青森県）

(3) $(-9ab^2) \times 2a \div (-3ab)$ （　　　　　）

（岡山県）

(4) $-4ab^2 \div (-8a^2b) \times 3a^2$ （　　　　　）

（鳥取県）

(5) $27x^2y \div (-9xy) \times (-3x)$ （　　　　　）

（愛知県）

(6) $3x^2y \div \left(-\dfrac{3}{5}x \right) \times 5y$ （　　　　　）

（博多女高）

20 －

3 次の計算をしなさい。

(1) $4a \times (-3a)^2$ （　　　　　）

（沖縄県）

(2) $(-3ab)^2 \div \dfrac{6}{5}a^2b$

（　　　　　）（石川県）

(3) $-18x^3y^2 \div \left(\dfrac{3}{2}xy\right)^2$

（　　　　　）（大阪学芸高）

(4) $(-2a)^2 \div 8a \times 6b$

（　　　　　）（静岡県）

(5) $(-6a)^2 \times 2ab^2 \div (-9a^2b)$

（　　　　　）（熊本県）

(6) $(a^3b)^2 \div 5ab \times (-b)^4$

（　　　　　）（九州産大付九州高）

(7) $(-ab^2)^3 \div (ab^4) \times \left(\dfrac{b^3}{a}\right)^2$ （　　　　　）

（花園高）

(8) $2x^2y^2 \times \left(-\dfrac{xy^2}{3}\right)^2 \div \left(\dfrac{2x^2y}{3}\right)^2$ （　　　　　）

（阪南大学高）

(9) $\left(-\dfrac{1}{6}x^3y\right) \times \left(-\dfrac{3}{2}x^2y^2\right)^2 \div \dfrac{3}{4}x^6y^3$ （　　　　　）（ラ・サール高）

(10) $\left(\dfrac{1}{2}xy^2\right)^2 \div \left(-\dfrac{1}{3}x^2y\right) \times \left(\dfrac{1}{3}xy\right)^3$ （　　　　　）（同志社高）

8 多項式の計算　　近道問題

1 次の計算をしなさい。

(1) $\dfrac{4}{5}x - \dfrac{3}{4}x$　（　　　）　　　　（三重県）

(2) $\dfrac{x}{2} - 2 + \left(\dfrac{x}{5} - 1\right)$　（　　　）　　（愛媛県）

(3) $-2a + 7 - (1 - 5a)$　（　　　）　　（山口県）

2 次の計算をしなさい。

(1) $3(5a + b) + (7a - 4b)$　（　　　）　　（新潟県）

(2) $4(2x - y) - (7x - 3y)$　（　　　）　　（広島県）

(3) $7(a - b) - 4(2a - 8b)$　（　　　）　　（三重県）

3 次の計算をしなさい。

(1) $\dfrac{3a - b}{2} + \dfrac{a - b}{4}$　（　　　）　　（精華女高）

(2) $2x - y - \dfrac{5x + y}{3}$　（　　　）　　（青森県）

(3) $\dfrac{3x - y}{4} - \dfrac{x + 2y}{3}$　（　　　）　　（高知県）

(4)　$\dfrac{5x + 2y}{3} - \dfrac{3x - y}{2}$　（　　　　　）　　　　　（神戸学院大附高）

(5)　$\dfrac{1}{2}(2a + 5b) - \dfrac{3}{4}(8a - 5b)$　（　　　　　）　　　　　（東福岡高）

(6)　$\dfrac{x - 3y}{2} + y - \dfrac{5x - 4y}{7}$　（　　　　　）　　　　　（追手門学院高）

(7)　$\dfrac{2x - y}{6} + \dfrac{x - y}{2} - \dfrac{-x + y}{3}$　（　　　　　）　　　　　（上宮太子高）

(8)　$\dfrac{2x - 5y}{3} + \dfrac{5y - 2x}{4} - \dfrac{x + 5y}{6}$　（　　　　　）　　　　　（福岡大附大濠高）

4　次の計算をしなさい。

(1)　$(9a - b) \times (-4a)$　（　　　　　）　　　　　（山口県）

(2)　$(2a^2b - ab^2 - 3ab) \div \left(-\dfrac{1}{2}ab\right)$　（　　　　　）　　　　　（筑陽学園高）

(3)　$(8a^3b^2 + 4a^2b^2) \div (2ab)^2$　（　　　　　）　　　　　（熊本県）

9 多項式の展開

1 次の計算をしなさい。

(1) $x(x^2 - 1)$ （　　　　　） （星翔高）

(2) $(3x + 2)(4x - 5)$ （　　　　　） （園田学園高）

(3) $(x - 4)(x - 5)$ （　　　　　） （徳島県）

(4) $(a + 5b)(a - 7b)$ （　　　　　） （昇陽高）

(5) $(x - 3)^2$ （　　　　　） （沖縄県）

(6) $(5x - 2y)^2$ （　　　　　） （京都明徳高）

(7) $(x + 7)(x - 7)$ （　　　　　） （明浄学院高）

(8) $(2x + y)(2x - y)$ （　　　　　） （福岡大附若葉高）

2 次の計算をしなさい。

(1) $(-2a+3)(2a+3)+9$ （　　　　　） （青森県）

(2) $(2x+1)^2+(5x+1)(x-1)$ （　　　　　） （熊本県）

(3) $(2a+b)^2+(3a+b)(3a-b)$ （　　　　　） （福岡工大附城東高）

(4) $(x-3)^2-(x+5)(x-2)$ （　　　　　） （東大谷高）

(5) $3(a+3)(a-2)-2(a+1)(a-1)$ （　　　　　） （京都文教高）

(6) $(x+3y-1)(x+3y+1)$ （　　　　　） （京都成章高）

(7) $(x-1)^2-2(x-1)(x+2)+(x+2)^2$ （　　　　　）（大阪産業大附高）

(8) $(x+2)(x^2-2x+4)-(x-2)(x^2-2x+4)$ （　　　　　）

（近畿大泉州高）

10 因数分解 近道問題

1 次の式を因数分解しなさい。

(1) $x^2 - xy$ （　　　　　）
（英真学園高）

(2) $6x^2y + 3xy^2$ （　　　　　）
（大阪成蹊女高）

(3) $x^2 + 4x + 3$ （　　　　　）
（神戸弘陵学園高）

(4) $x^2 - 8x + 12$ （　　　　　）
（愛媛県）

(5) $x^2 + 8xy - 20y^2$
（　　　　　）（関西大学高）

(6) $x^2 - 10xy - 56y^2$
（　　　　　）（初芝立命館高）

(7) $x^2 + 4xy + 4y^2$ （　　　　　）
（報徳学園高）

(8) $x^2 - 22x + 121$ （　　　　　）
（九州産大付九州高）

(9) $x^2 - 36$ （　　　　　）
（岩手県）

(10) $49x^2 - 81y^2$ （　　　　　）
（京都廣学館高）

2 次の式を因数分解しなさい。

(1) $2x^2 + 6x - 36$ （　　　　　）
（京都西山高）

(2) $ax^2 + 6axy - 16ay^2$
（　　　　　）（大阪学院大高）

(3) $5ax^2 - 40ax + 80a$

(　　　　　)（追手門学院高）

(4) $9x^2y - y^3$ （　　　　　）

（大阪薫英女高）

3 次の式を因数分解しなさい。

(1) $(x + y)^2 - 7(x + y) + 12$ （　　　　　） （福岡大附大濠高）

(2) $(x + 3)^2 - 2(x + 3) - 24$ （　　　　　） （鹿児島県）

(3) $(a - 2)^2 - 6(a - 2) + 9$ （　　　　　） （香ヶ丘リベルテ高）

(4) $(x - 2)^2 - 4y^2$ （　　　　　） （大阪女学院高）

(5) $(3x + 2y)^2 - (x - 2y)^2$ （　　　　　） （大阪青凌高）

(6) $(x^2 - 5)^2 - 3(x^2 - 5) - 4$ （　　　　　） （大阪教大附高池田）

4 次の式を因数分解しなさい。

(1) $4x^2 - 16y^2 + 5x^2 - 9y^2$ （　　　　　） （神戸弘陵学園高）

(2) $x^2 - 2(3x + 8)$ （　　　　　） （精華高）

(3) $x(x + 1) - 3(x + 5)$ （　　　　　） （香川県）

(4) $(x + 4)(x - 6) - 11$ （　　　　　） （博多女高）

(5) $(x + 1)(x - 8) + 5x$ （　　　　　） （愛知県）

(6) $(x - y)^2 - 5xy + 9y^2$ （　　　　　） （智辯学園高）

(7) $(x - 12y)^2 - y(4x - 51y)$ （　　　　　） （ラ・サール高）

(8) $(2a - 5b)(a + b) + 3b(a - b)$ （　　　　　） （履正社高）

5 次の式を因数分解しなさい。

(1) $xy - 6x + y - 6$ （　　　　　） （香川県）

(2) $x^2y - 2xy + xz - 2z$ （　　　　　） （開明高）

(3) $x^2 - 2xy + y^2 - 5x + 5y + 6$ （　　　　　） （大阪国際高）

(4) $x^2 - y^2 - 8y - 16$ （　　　　　） （京都教大附高）

(5) $x^2y^2 - 2xy - y^2 + 1$ （　　　　　） （関西学院高）

(6) $a^2 - 6b^2 + ab + 3bc + ca$ （　　　　　） （神戸常盤女高）

(7) $a^2x^2 - a^2y^2 - b^2x^2 + b^2y^2$ （　　　　　） （近大附和歌山高）

(8) $2(x - y - z)^2 - (x - y - 2z)(x - y - 3z) - 2z^2$ （　　　　　）
（同志社国際高）

11 式の値

１ 次の問いに答えなさい。

(1) $a = 2,\ b = -3$ のとき, $a + b^2$ の値を求めなさい。（　　　　　　）（栃木県）

(2) $a = 4$ のとき, $6a^2 \div 3a$ の値を求めなさい。（　　　　　　）　　（広島県）

(3) $x = -2,\ y = 3$ のとき, $(2x - y - 6) + 3(x + y + 2)$ の値を求めなさい。（　　　　　）　　　　　　　　　　　　　　　　　　　　　　　（群馬県）

(4) $x = 3,\ y = 2$ のとき, $(-8xy^2) \div 2y^3 \times 5xy$ の値を求めなさい。
（　　　　　　）（中村学園女高）

２ 次の問いに答えなさい。

(1) $x = 1,\ y = -2$ のとき, $3x(x + 2y) + y(x + 2y)$ の値を求めなさい。
（　　　　　　）（北海道）

(2) $x = 4,\ y = 3$ のとき, $6x(x - 2y) - 4y(y - 3x)$ の値を求めなさい。
（　　　　　　）（筑紫女学園高）

(3) $x = 6,\ y = -\dfrac{1}{3}$ のとき, $(x - 4y)(x + y) + 4y^2$ の値を求めなさい。
（　　　　　　）（筑陽学園高）

(4) $a = \dfrac{7}{6}$ のとき, $(3a + 4)^2 - 9a(a + 2)$ の値を求めなさい。
（　　　　　　）（静岡県）

3 次の問いに答えなさい。

(1) $a = 11$, $b = 43$ のとき，$16a^2 - b^2$ の値を求めなさい。(　　　　　　)
（静岡県）

(2) $x = 27$, $y = 11$ のとき，$x^2 - 4xy + 4y^2$ の値を求めなさい。
(　　　　　　) （筑陽学園高）

(3) $a = 4$, $b = 0.25$ のとき，$(2a + b)^2 - (2a - b)^2$ の値を求めなさい。
(　　　　　　) （西南学院高）

4 次の問いに答えなさい。

(1) $a = \sqrt{3} - 1$ のとき，$a^2 + 2a$ の値を求めなさい。(　　　　　) （秋田県）

(2) $a = \sqrt{5} + 3$ のとき，$a^2 - 6a + 9$ の値を求めなさい。(　　　　　)
（大分県）

(3) $x = \sqrt{7} - \sqrt{5}$, $y = \sqrt{7} + \sqrt{5}$ のとき，$x^2 + 2xy + y^2$ の値を求めなさい。(　　　　　)
（中村学園女高）

(4) $2\sqrt{7}$ の小数部分を a とするとき，$a^2 + 10a$ の値を求めなさい。
(　　　　　　) （京都女高）

5 次の問いに答えなさい。

(1) $x + y = -10$, $xy = 2$ のとき，$\dfrac{1}{x} + \dfrac{1}{y}$ の値を求めなさい。
(　　　　　　) （神戸星城高）

(2) $a + b = 6$, $ab = \dfrac{27}{4}$ のとき，$a^2 + b^2$ の値を求めなさい。(　　　　　)
（奈良育英高）

解答・解説
近道問題

1. 数の性質

1 (1) 7（個）　(2) エ　(3) $2 \times 3 \times 5^2$　(4) 7　(5) $\dfrac{308}{15}$　(6) 7（個）　(7) 7　(8) 1　(9) 3（組）

(10) 178　(11) 5（個）　(12) 7，14　(13) 2010

2 ① ウ　② 3.5

3 ① 1.27　② 4

◇ 解説 ◇

1 (1) 絶対値が 4 より小さい整数は，-3，-2，-1，0，1，2，3 の 7 個。

(2) ab は負の数なので，a と b は異符号となり，abc は正の数なので，c が負の数と決まる。よって，エ。

(3) $150 = 2 \times 3 \times 5 \times 5 = 2 \times 3 \times 5^2$

(4) $28 = 2^2 \times 7$ なので，$n = 7$

(5) $\dfrac{195}{28} = \dfrac{3 \times 5 \times 13}{2^2 \times 7}$，$\dfrac{135}{44} = \dfrac{3^3 \times 5}{2^2 \times 11}$ より，この 2 数の分母の最小公倍数である $2^2 \times 7 \times 11$ を分子とし，2 数の分子の最大公約数である 3×5 を分母とする分数が最も小さくなる。よって，$\dfrac{2^2 \times 7 \times 11}{3 \times 5} = \dfrac{308}{15}$

(6) $10 = 2 \times 5$ であることから，積の中に 2×5 が何個含まれるかを考える。1 から 30 までの整数で，5 を因数としてもつものは，5，$10 (= 2 \times 5)$，$15 (= 3 \times 5)$，$20 (= 2^2 \times 5)$，$25 (= 5^2)$，$30 (= 2 \times 3 \times 5)$　したがって，1 から 30 までの整数の積を素因数分解すると，5 は 7 個含まれることがわかる。2 は 7 個以上含まれるから，積の中に 2×5 は 7 個あり，0 は 7 個並ぶ。

(7) -3，$(-3)^2 = 9$，$(-3)^3 = -27$，$(-3)^4 = 81$，$(-3)^5 = -243$，…のように，1 桁目の数は，3，9，7，1 の 4 つの数字がくり返される。$123 \div 4 = 30$ あまり 3 より，4 つの数字が 30 回くり返された後の 3 つ目の数だから，7。

(8) $41 \div 333 = 0.123123\cdots$ より，1，2，3 の 3 個の数字がくり返される。小数第 10 位の数は，$10 \div 3 = 3$ あまり 1 より，3 個の数字が 3 回くり返された次の数字だから，1。

(9) $3x + 5y = 60$ より，$5y = 60 - 3x = 3(20 - x)$　よって，$y = \dfrac{3}{5}(20 - x)$　x，y が自然数であることから $1 < x < 20$ で，$20 - x$ は 5 の倍数となる。よって，この式を満たす x，y の組は，$(x, y) = (5, 9)$，$(10, 6)$，$(15, 3)$ の 3 組。

(10) ある自然数は，4，5，6 の公倍数より 2 小さい数である。4，5，6 の最小公倍数は 60 だから，$200 \div 60 = 3$ あまり 20 より，200 より小さくて 200 に最も近い数は，$60 \times 3 -$

$2 = 178$　200 より大きくて 200 に最も近い数は，$60 \times 4 - 2 = 238$　よって，200 に最も近い数は 178。

(11) 13 で割ったときの余りは 1 から 12。$100 \div 13 = 7$ 余り 9 より，13 で割ったときの商が 7 より大きい必要がある。よって，$13 \times 8 + 8 = 112$，$13 \times 9 + 9 = 126$，$13 \times 10 + 10 = 140$，$13 \times 11 + 11 = 154$，$13 \times 12 + 12 = 168$ の 5 個。

(12) $16 = 2^4$，$112 = 2^4 \times 7$ なので，a にあてはまる最小の自然数は 7。$a < 16$ より，$a = 2 \times 7 = 14$ のときも条件に合う。よって，$a = 7, 14$

(13) $36 = 2^2 \times 3^2$　$2020 \div 6 = 336$ あまり 4　2020 より小さくて最も大きい 6 の倍数は，6×336　336 は 6 の倍数だから最大公約数は 36 になり，適さない。次に大きい 6 の倍数は，6×335　335 は 2 の倍数でも 3 の倍数でもないので，最大公約数は 6 で，適する。よって，$a = 6 \times 335 = 2010$

2 小数第 1 位を四捨五入して 3 になる a の値の範囲は，$2.5 \leq a < 3.5$ である。

3 $12700 = 1.27 \times 10000 = 1.27 \times 10^4$ より，① $= 1.27$，② $= 4$

■ 2．整数の計算 ■

1 (1) 5　(2) 7　(3) -3　(4) -2

2 (1) -20　(2) 2　(3) 2　(4) -12　(5) -7　(6) -12

3 (1) 16　(2) -13　(3) -19　(4) 20　(5) 1　(6) 16　(7) -19　(8) 72　(9) -16　(10) 30

4 (1) -14　(2) -8　(3) 7　(4) 0　(5) -9　(6) 24　(7) -42　(8) 3　(9) 24　(10) -14

5 (1) 29　(2) -1　(3) 6　(4) -2　(5) $\dfrac{7}{4}$　(6) -18

6 (1) 160000　(2) 10000

◇ **解説** ◇

1 (1) 与式 $= -(2 - 7) = -(-5) = 5$

(2) 与式 $= 6 + 1 = 7$

(3) 与式 $= 15 - 18 = -3$

(4) 与式 $= 2 + 5 - 9 = -2$

2 (1) 与式 $= -(5 \times 4) = -20$

(2) 与式 $= 1 + 1 = 2$

(3) 与式 $= -6 + 8 = 2$

(4) 与式 $= -3 - 9 = -12$

(5) 与式 $= -10 + 3 = -7$

(6) 与式 $= -15 - (-3) = -15 + 3 = -12$

3 (1) 与式 $= 9 + 7 = 16$

(2) 与式 $= 5 - 9 \times 2 = 5 - 18 = -13$

(3) 与式 $= 16 + (-35) = 16 - 35 = -19$

(4) 与式 = 36 − 16 = 20

(5) 与式 = − 8 − (− 9) = − 8 + 9 = 1

(6) 与式 = − 12 × 36 ÷ (− 27) = $\dfrac{12 \times 36}{27}$ = 16

(7) 与式 = 81 ÷ (− 27) + (− 16) = − 3 − 16 = − 19

(8) 与式 = 5 × 16 − 8 = 80 − 8 = 72

(9) 与式 = − 25 + 3⁴ ÷ 3² = − 25 + 9 = − 16

(10) 与式 = 3 × 4 + 2 × 9 = 12 + 18 = 30

4 (1) 与式 = (2 + 6) − (9 + 13) = 8 − 22 = − 14

(2) 与式 = 13 − 16 + 5 − 10 = 18 − 26 = − 8

(3) 与式 = |8 − (− 4)| − 5 = (8 + 4) − 5 = 12 − 5 = 7

(4) 与式 = − $\dfrac{3 \times 4}{6}$ + 2 = − 2 + 2 = 0

(5) 与式 = 1 + 2 × (− 5) = 1 − 10 = − 9

(6) 与式 = 3 − 7 × (− 3) = 3 + 21 = 24

(7) 与式 = 26 − (− 4) × (− 17) = 26 − 68 = − 42

(8) 与式 = 4 + (6 − 8) ÷ 2 = 4 + (− 2) ÷ 2 = 4 + (− 1) = 3

(9) 与式 = 2 × (− 1) × 3 × (5 − 9) = 2 × (− 1) × 3 × (− 4) = 2 × 1 × 3 × 4 = 24

(10) 与式 = 7 − |15 − (− 6)| = 7 − 21 = − 14

5 (1) 与式 = − 16 − 15 × (− 3) = − 16 + 45 = 29

(2) 与式 = 2 × (9 − 4) + (− 27) + 16 = 10 − 27 + 16 = − 1

(3) 与式 = 3 − 20 ÷ |− 6 − (− 16)| + 5 = 3 − 20 ÷ (− 6 + 16) + 5 = 3 − 20 ÷ 10 + 5 = 3 − 2 + 5 = 6

(4) 与式 = |− 9 × 2 − (− 8)| ÷ 5 = (− 18 + 8) ÷ 5 = − 10 ÷ 5 = − 2

(5) 与式 = |6 − 5 × (− 2)²| ÷ (− 8) = (6 − 20) ÷ (− 8) = $\dfrac{14}{8}$ = $\dfrac{7}{4}$

(6) 与式 = − 27 − |(− 36) ÷ 64 × 16| = − 27 + 9 = − 18

6 (1) 与式 = (2020 + 1980) × (2020 − 1980) = 4000 × 40 = 160000

(2) 与式 = (77 + 23)² = 100² = 10000

3．小数・分数の計算

1 (1) − 15.15　(2) − 2.4　(3) 22.2　(4) − $\dfrac{1}{3}$　(5) − $\dfrac{1}{12}$　(6) 1

2 (1) $\dfrac{1}{2}$　(2) − $\dfrac{3}{2}$　(3) − $\dfrac{15}{14}$　(4) $\dfrac{1}{5}$

3 (1) 10　(2) $\dfrac{1}{36}$　(3) − $\dfrac{8}{15}$　(4) 9　(5) − $\dfrac{1}{6}$　(6) $\dfrac{6}{7}$　(7) $\dfrac{3}{2}$　(8) 100

4 (1) 0.6　(2) -41　(3) $-\dfrac{1}{2}$　(4) $\dfrac{8}{15}$　(5) -5　(6) 5　(7) $\dfrac{11}{20}$　(8) 0

5 (1) -11　(2) 7　(3) 2　(4) $\dfrac{7}{4}$　(5) 13　(6) 18　(7) $-\dfrac{3}{2}$　(8) 24

◇ **解説** ◇

1 (1) 与式 $= -(7.12 + 8.03) = -15.15$

(2) 与式 $= 2.4 - 4.8 = -2.4$

(3) 与式 $= -0.5 + 23.5 + 1.6 - 2.4 = 23.0 - 0.8 = 22.2$

(4) 与式 $= \dfrac{6}{12} - \dfrac{10}{12} = -\dfrac{4}{12} = -\dfrac{1}{3}$

(5) 与式 $= \dfrac{6}{12} - \dfrac{4}{12} - \dfrac{3}{12} = -\dfrac{1}{12}$

(6) 与式 $= \dfrac{7}{6} - \left(\dfrac{3}{6} - \dfrac{2}{6}\right) = \dfrac{7}{6} - \dfrac{1}{6} = 1$

2 (1) 与式 $= \dfrac{2}{3} \times \dfrac{3}{4} = \dfrac{1}{2}$

(2) 与式 $= -\dfrac{9}{8} \times \dfrac{4}{3} = -\dfrac{3}{2}$

(3) 与式 $= -\dfrac{3}{8} \times \dfrac{12}{5} \times \dfrac{25}{21} = -\dfrac{15}{14}$

(4) 与式 $= \dfrac{1}{6} \times \dfrac{3}{4} \times \dfrac{8}{5} = \dfrac{1}{5}$

3 (1) 与式 $= 25 \times \dfrac{2}{5} = 10$

(2) 与式 $= \dfrac{4}{15} \times \dfrac{4}{15} \times \dfrac{5}{8} \times \dfrac{5}{8} = \dfrac{1}{36}$

(3) 与式 $= (-8) \times \dfrac{4}{15} \times \dfrac{1}{4} = -\dfrac{8}{15}$

(4) 与式 $= \dfrac{10}{3} \times \dfrac{9}{4} \times \dfrac{6}{5} = 9$

(5) 与式 $= \dfrac{7}{4} \times \left(-\dfrac{3}{14}\right) \times \dfrac{4}{9} = -\dfrac{1}{6}$

(6) 与式 $= \left(-\dfrac{3}{4}\right) \times \dfrac{27}{7} \div \left(-\dfrac{27}{8}\right) = \dfrac{3}{4} \times \dfrac{27}{7} \times \dfrac{8}{27} = \dfrac{6}{7}$

(7) 与式 $= \dfrac{4}{9} \div \dfrac{4}{25} \times \dfrac{27}{50} = \dfrac{6}{25} \times \dfrac{25}{4} = \dfrac{3}{2}$

(8) 与式 $= -27 \div \left(-\dfrac{3}{4}\right) \times \dfrac{1}{4} \div \left(\dfrac{3}{10}\right)^2 = 27 \times \dfrac{4}{3} \times \dfrac{1}{4} \times \dfrac{100}{9} = 100$

4 (1) 与式 $= 1 - 0.4 = 0.6$

(2) 与式 $= 9 \times (-5) + 4 = -45 + 4 = -41$

(3) 与式 $= \left(\dfrac{4}{12} - \dfrac{9}{12} \right) \times \dfrac{6}{5} = - \dfrac{5}{12} \times \dfrac{6}{5} = - \dfrac{1}{2}$

(4) 与式 $= \dfrac{2}{3} - \dfrac{3}{5} \times \dfrac{2}{9} = \dfrac{2}{3} - \dfrac{2}{15} = \dfrac{10}{15} - \dfrac{2}{15} = \dfrac{8}{15}$

(5) 与式 $= \dfrac{5}{12} \div \left(\dfrac{3}{9} - \dfrac{5}{9} \right) \times \dfrac{8}{3} = \dfrac{5}{12} \div \left(- \dfrac{2}{9} \right) \times \dfrac{8}{3} = - \dfrac{5}{12} \times \dfrac{9}{2} \times \dfrac{8}{3} = - 5$

(6) 与式 $= \dfrac{1}{2} - 6 \times \left(- \dfrac{3}{4} \right) = \dfrac{1}{2} + \dfrac{9}{2} = 5$

(7) 与式 $= - \dfrac{12}{10} + \dfrac{7}{10} \times \dfrac{5}{2} = - \dfrac{12}{10} + \dfrac{7}{4} = - \dfrac{24}{20} + \dfrac{35}{20} = \dfrac{11}{20}$

(8) 与式 $= - \dfrac{4}{15} \times \dfrac{9}{12} \times \dfrac{3}{1} + \dfrac{3}{5} = - \dfrac{3}{5} + \dfrac{3}{5} = 0$

5 (1) 与式 $= - 9 - 8 \times \dfrac{1}{4} = - 9 - 2 = - 11$

(2) 与式 $= 9 + (- 8) \times \dfrac{1}{4} = 9 - 8 \times \dfrac{1}{4} = 9 - 2 = 7$

(3) 与式 $= \dfrac{3}{2} + \left(\dfrac{1}{4} - \dfrac{2}{4} \right)^2 \times 8 = \dfrac{3}{2} + \left(- \dfrac{1}{4} \right)^2 \times 8 = \dfrac{3}{2} + \dfrac{1}{16} \times 8 = \dfrac{3}{2} + \dfrac{1}{2} = 2$

(4) 与式 $= \left(\dfrac{3}{2} \right)^2 - \dfrac{4}{5} \times \dfrac{5}{8} = \dfrac{9}{4} - \dfrac{1}{2} = \dfrac{7}{4}$

(5) 与式 $= - 3 - \dfrac{1}{2} \times (- 8) \div \dfrac{1}{4} = - 3 + \dfrac{1}{2} \times 8 \times 4 = - 3 + 16 = 13$

(6) 与式 $= \dfrac{2}{3} \times 36 + \dfrac{1}{4} \times (- 8) - 4 = 24 - 2 - 4 = 18$

(7) 与式 $= - 16 \times \left(- \dfrac{2}{3} \right) \div 4 - \dfrac{2}{3} \div \dfrac{4}{25} = 16 \times \dfrac{2}{3} \times \dfrac{1}{4} - \dfrac{2}{3} \times \dfrac{25}{4} = \dfrac{8}{3} - \dfrac{25}{6} =$

$- \dfrac{3}{2}$

(8) 与式 $= - 36 \times \left(- \dfrac{1}{8} \right) \div \dfrac{1}{4} + \dfrac{2}{3} \div \dfrac{1}{9} = 36 \times \dfrac{1}{8} \times 4 + \dfrac{2}{3} \times 9 = 18 + 6 = 24$

4．平方根の性質

1 ① ○　② ×　③ ×　④ ×　⑤ ○

2 (1) $- 3 < - 2\sqrt{2}$　(2) ア

3 (1) 4（個）　(2) 8（個）　(3) 17，18

4 (1) 5　(2) 15　(3) 54　(4) 2（個）

5 (1) ウ，エ　(2) ア　(3) 0.707　(4) 0.4472

◇ 解説 ◇

1 ②は $\sqrt{400} = 20$ なので，間違い。③は，$\sqrt{(-9)^2} = \sqrt{81} = 9$ となるので，間違い。

④は，$\sqrt{2} + \sqrt{8} = \sqrt{2} + 2\sqrt{2} = 3\sqrt{2} = \sqrt{18}$ となるので，間違い。

2 (1) $3^2 = 9$ より，$-3 = -\sqrt{9}$，$(2\sqrt{2})^2 = 8$ より，$-2\sqrt{2} = -\sqrt{8}$ だから，$-\sqrt{9} < -\sqrt{8}$　よって，$-3 < -2\sqrt{2}$

(2) a，b が正の数のとき，$a^2 > b^2$ であれば，$a > b$。ア～エの数をそれぞれ2乗すると，アは $\dfrac{9}{25}$，イは $\dfrac{3}{5} = \dfrac{15}{25}$，ウは $\dfrac{3}{25}$，エは $\dfrac{9}{5} = \dfrac{45}{25}$ となり，$\dfrac{3}{25} < \dfrac{9}{25} < \dfrac{15}{25} < \dfrac{45}{25}$ だから，$\dfrac{\sqrt{3}}{5} < \dfrac{3}{5} < \sqrt{\dfrac{3}{5}} < \dfrac{3}{\sqrt{5}}$　よって，求める数は，アの $\dfrac{3}{5}$。

3 (1) $\sqrt{9} < \sqrt{13} < \sqrt{16}$ より，$3 < \sqrt{13} < 4$　また，$5\sqrt{2} = \sqrt{5^2 \times 2} = \sqrt{50}$ で，$\sqrt{49} < \sqrt{50} < \sqrt{64}$ より，$7 < 5\sqrt{2} < 8$ だから，$\sqrt{13} < x < 5\sqrt{2}$ をみたす整数 x は，4，5，6，7 の4個。

(2) $4 = \sqrt{16}$，$5 = \sqrt{25}$ より，$16 < n < 25$ だから，条件を満たす自然数 n は，17，18，19，20，21，22，23，24 の8個。

(3) $4^2 = 16$，$\left(\dfrac{13}{3}\right)^2 = \dfrac{169}{9} = 18\dfrac{7}{9}$ だから，$a = 17$，18

4 (1) $180a$ が自然数の2乗になればよい。180を素因数分解して，$180 = 2^2 \times 3^2 \times 5 = (2 \times 3)^2 \times 5$ より，最も小さい a の値は，$a = 5$

(2) $\sqrt{\dfrac{540}{n}} = \sqrt{\dfrac{2^2 \times 3^3 \times 5}{n}} = \sqrt{\dfrac{(2 \times 3)^2 \times 3 \times 5}{n}} = 6\sqrt{\dfrac{15}{n}}$　よって，求める自然数は15。

(3) $\sqrt{13 + 2n}$ が2桁の整数となるとき，m を10以上の自然数とすると，$13 + 2n = m^2$ と表せる。$13 + 2n$ は奇数だから m も奇数で，最小の m は11。よって，$13 + 2n = 121$ だから，$2n = 108$ より，$n = 54$

(4) $\sqrt{40 - 8n} = \sqrt{4(10 - 2n)} = 2\sqrt{10 - 2n}$ より，$10 - 2n$ が0，1^2，2^2，$\cdots$になる場合を考える。$10 - 2n = 0$ のとき，$n = 5$　$10 - 2n = 1$ のとき，$n = \dfrac{9}{2}$ で適さない。$10 - 2n = 4$ のとき，$n = 3$　$10 - 2n = 9$ のとき，$n = \dfrac{1}{2}$ で適さない。これ以降は n が負の数になるので，$n = 3$，5 の2個。

5 (1) オは，$-\sqrt{49} = -7$ となるから，無理数であるのは，ウとエ。

(2) $\sqrt{9} < \sqrt{10} < \sqrt{16}$ より，$3 < \sqrt{10} < 4$　よって，$\sqrt{10}$ の小数部分は，$\sqrt{10} - 3$ より，ア。

(3) $\dfrac{1}{\sqrt{2}} = \dfrac{1 \times \sqrt{2}}{\sqrt{2} \times \sqrt{2}} = \dfrac{\sqrt{2}}{2}$ なので，$\dfrac{1.414}{2} = 0.707$

(4) $\sqrt{0.2} = \sqrt{\dfrac{20}{100}} = \dfrac{\sqrt{20}}{\sqrt{100}} = \dfrac{\sqrt{20}}{10}$　$\sqrt{20} = 4.472$ を利用して，$\dfrac{4.472}{10} = 0.4472$

5．平方根の計算

1 (1) $2\sqrt{5}$　(2) $6\sqrt{3}$　(3) $4\sqrt{2}$　(4) $7\sqrt{3}$　(5) $4\sqrt{2}$　(6) $-3\sqrt{5}$

2 (1) $10\sqrt{21}$　(2) $3\sqrt{17}$　(3) 2　(4) $\dfrac{4}{3}$

3 (1) $\sqrt{2}$　(2) $6\sqrt{3}$　(3) $6\sqrt{6}$　(4) $13\sqrt{3}$　(5) $\sqrt{6}$　(6) $5\sqrt{2}+\sqrt{3}$

4 (1) $3\sqrt{7}$　(2) $5\sqrt{5}$　(3) $7\sqrt{3}$　(4) 17

5 (1) $-8\sqrt{3}$　(2) $-2\sqrt{6}$　(3) $-\dfrac{29\sqrt{2}}{2}$　(4) $5\sqrt{6}$　(5) $\sqrt{6}+9$　(6) 8

(7) $\dfrac{2\sqrt{3}+\sqrt{6}}{6}$　(8) $6\sqrt{2}-\sqrt{6}$　(9) $\dfrac{\sqrt{3}}{3}$　(10) $2\sqrt{3}+\sqrt{2}$

6 (1) $1+2\sqrt{10}$　(2) 2　(3) $1+3\sqrt{5}$　(4) $5-2\sqrt{6}$　(5) $3\sqrt{10}-21$　(6) 7

(7) $8+4\sqrt{6}$　(8) $9+6\sqrt{3}$　(9) $2\sqrt{5}$

◇ 解説 ◇

1 (1) 与式 $=(6-4)\times\sqrt{5}=2\sqrt{5}$

(2) 与式 $=4\sqrt{3}+2\sqrt{3}=6\sqrt{3}$

(3) 与式 $=\sqrt{2^3\times3^2}-\sqrt{2^3}=6\sqrt{2}-2\sqrt{2}=4\sqrt{2}$

(4) 与式 $=4\sqrt{3}+5\sqrt{3}-2\sqrt{3}=7\sqrt{3}$

(5) 与式 $=5\sqrt{2}-2\times2\sqrt{2}+3\sqrt{2}=5\sqrt{2}-4\sqrt{2}+3\sqrt{2}=4\sqrt{2}$

(6) 与式 $=\sqrt{3^2\times5}-5\sqrt{2^2\times5}+4\sqrt{5}=3\sqrt{5}-10\sqrt{5}+4\sqrt{5}=-3\sqrt{5}$

2 (1) 与式 $=2\times5\times\sqrt{3}\times\sqrt{7}=10\sqrt{21}$

(2) 与式 $=\sqrt{3}\times\sqrt{3}\times\sqrt{17}=3\sqrt{17}$

(3) 与式 $=\sqrt{\dfrac{12\times2}{6}}=\sqrt{4}=2$

(4) 与式 $=\sqrt{\dfrac{12\times8}{54}}=\sqrt{\dfrac{16}{9}}=\dfrac{4}{3}$

3 (1) 与式 $=\sqrt{2\times3^2}-\dfrac{4\sqrt{2}}{\sqrt{2}\times\sqrt{2}}=3\sqrt{2}-\dfrac{4\sqrt{2}}{2}=3\sqrt{2}-2\sqrt{2}=\sqrt{2}$

(2) 与式 $=4\sqrt{2^2\times3}-\dfrac{6\times\sqrt{3}}{\sqrt{3}\times\sqrt{3}}=8\sqrt{3}-2\sqrt{3}=6\sqrt{3}$

(3) 与式 $=5\sqrt{6}-2\sqrt{6}+\dfrac{18\sqrt{6}}{6}=5\sqrt{6}-2\sqrt{6}+3\sqrt{6}=6\sqrt{6}$

(4) 与式 $=5\sqrt{3}+4\times3\sqrt{3}-\dfrac{12\sqrt{3}}{3}=5\sqrt{3}+12\sqrt{3}-4\sqrt{3}=13\sqrt{3}$

(5) 与式 $=\dfrac{4\sqrt{2}\times\sqrt{3}}{\sqrt{3}\times\sqrt{3}}-\dfrac{14\times\sqrt{6}}{\sqrt{6}\times\sqrt{6}}+2\sqrt{6}=\dfrac{4\sqrt{6}}{3}-\dfrac{7\sqrt{6}}{3}+2\sqrt{6}=\sqrt{6}$

(6) 与式 $= 6\sqrt{2} - 2 \times 2\sqrt{3} - \dfrac{2\sqrt{2}}{2} + \dfrac{15\sqrt{3}}{3} = 6\sqrt{2} - 4\sqrt{3} - \sqrt{2} + 5\sqrt{3} =$
$5\sqrt{2} + \sqrt{3}$

4 (1) 与式 $= \sqrt{7 \times 2} \times \sqrt{2} + \sqrt{7} = 2\sqrt{7} + \sqrt{7} = 3\sqrt{7}$

(2) 与式 $= 5\sqrt{2} \times \sqrt{2} \times \sqrt{5} - \sqrt{5^2 \times 5} = 10\sqrt{5} - 5\sqrt{5} = 5\sqrt{5}$

(3) 与式 $= 3\sqrt{3} + 4\sqrt{3} = 7\sqrt{3}$

(4) 与式 $= 3\sqrt{36} - \dfrac{10}{\sqrt{2}} \div 5\sqrt{2} = 3 \times 6 - \dfrac{5 \times 2}{\sqrt{2}} \times \dfrac{1}{5\sqrt{2}} = 18 - 1 = 17$

5 (1) 与式 $= \dfrac{4 \times 3}{\sqrt{3}} - 3\sqrt{48} = 4\sqrt{3} - 12\sqrt{3} = -8\sqrt{3}$

(2) 与式 $= 3\sqrt{6} - 7\sqrt{6} + \dfrac{6\sqrt{6}}{3} = 3\sqrt{6} - 7\sqrt{6} + 2\sqrt{6} = -2\sqrt{6}$

(3) 与式 $= \dfrac{3 \times \sqrt{2}}{\sqrt{2} \times \sqrt{2}} - \dfrac{64}{2\sqrt{2}} = \dfrac{3\sqrt{2}}{2} - \dfrac{32 \times \sqrt{2}}{\sqrt{2} \times \sqrt{2}} = \dfrac{3\sqrt{2}}{2} - 16\sqrt{2} = -\dfrac{29\sqrt{2}}{2}$

(4) 与式 $= 2\sqrt{6} - 3\sqrt{2}\,(3\sqrt{3} - 4\sqrt{3}) = 2\sqrt{6} - 3\sqrt{2} \times (-\sqrt{3}) = 2\sqrt{6} + 3\sqrt{6} =$
$5\sqrt{6}$

(5) 与式 $= (3\sqrt{2} + 3\sqrt{3}) \times \sqrt{3} - \dfrac{4\sqrt{6}}{2} = 3\sqrt{6} + 9 - 2\sqrt{6} = \sqrt{6} + 9$

(6) 与式 $= (7\sqrt{2} - 3\sqrt{2}) \div \sqrt{3} \times \sqrt{6} = \dfrac{4\sqrt{2} \times \sqrt{6}}{\sqrt{3}} = 8$

(7) 与式 $= \dfrac{\sqrt{2}\,(\sqrt{3} + \sqrt{6})}{3\sqrt{2}} - \dfrac{\sqrt{2} \times \sqrt{3}}{2\sqrt{3} \times \sqrt{3}} = \dfrac{\sqrt{3} + \sqrt{6}}{3} - \dfrac{\sqrt{6}}{6} =$
$\dfrac{2\sqrt{3} + 2\sqrt{6} - \sqrt{6}}{6} = \dfrac{2\sqrt{3} + \sqrt{6}}{6}$

(8) 与式 $= (2\sqrt{3} - 3) \times \dfrac{\sqrt{2}}{\sqrt{3}} + 4\sqrt{2} = 2\sqrt{2} - \sqrt{3} \times \sqrt{2} + 4\sqrt{2} = 6\sqrt{2} - \sqrt{6}$

(9) 与式 $= \sqrt{3} - \sqrt{2} + \sqrt{2} - \dfrac{2}{\sqrt{3}} = \sqrt{3} - \dfrac{2\sqrt{3}}{3} = \dfrac{3\sqrt{3} - 2\sqrt{3}}{3} = \dfrac{\sqrt{3}}{3}$

(10) 与式 $= \dfrac{\sqrt{2}\,(3\sqrt{6} + 4)}{2} - \dfrac{\sqrt{3}\,(\sqrt{6} + 3)}{3} = \dfrac{6\sqrt{3} + 4\sqrt{2}}{2} - \dfrac{3\sqrt{2} + 3\sqrt{3}}{3} =$
$3\sqrt{3} + 2\sqrt{2} - (\sqrt{2} + \sqrt{3}) = 2\sqrt{3} + \sqrt{2}$

6 (1) 与式 $= 6 + 3\sqrt{10} - \sqrt{10} - 5 = 1 + 2\sqrt{10}$

(2) 与式 $= (\sqrt{7})^2 - (\sqrt{5})^2 = 7 - 5 = 2$

(3) 与式 $= (\sqrt{5})^2 + 4\sqrt{5} - \sqrt{5} - 4 = 5 + 3\sqrt{5} - 4 = 1 + 3\sqrt{5}$

(4) 与式 $= 2 - 2 \times \sqrt{2} \times \sqrt{3} + 3 = 5 - 2\sqrt{6}$

(5) 与式 $= (\sqrt{5} + 3\sqrt{2})(\sqrt{5} - 6\sqrt{2}) = 3\,(\sqrt{5} + 3\sqrt{2})(\sqrt{5} - 2\sqrt{2}) = 3 \times (5 + $

$\sqrt{10} - 12) = 3 \times (\sqrt{10} - 7) = 3\sqrt{10} - 21$

(6) 与式 $= 3 + 4\sqrt{3} + 4 - 4\sqrt{3} = 7$

(7) 与式 $= 6 + \sqrt{6} + 2\sqrt{6} + 2 + \sqrt{6} = 8 + 4\sqrt{6}$

(8) 与式 $= 9 + 6\sqrt{3} + 3 - \{(\sqrt{5})^2 - (\sqrt{2})^2\} = 12 + 6\sqrt{3} - 3 = 9 + 6\sqrt{3}$

(9) 与式 $= (2\sqrt{5} - 2\sqrt{2})(\sqrt{5} + \sqrt{2}) - (5 - 2\sqrt{5} + 1) = 2(\sqrt{5} + \sqrt{2})(\sqrt{5} - \sqrt{2}) - (6 - 2\sqrt{5}) = 2(5 - 2) - 6 + 2\sqrt{5} = 6 - 6 + 2\sqrt{5} = 2\sqrt{5}$

6. 文字と式

1 (1) $5a - 3b$ (円)　(2) $\dfrac{4}{5}a$ (個)　(3) $\dfrac{a}{2} - b$ (cm)　(4) $(b =) 21 - 10a$　(5) $2a + b$ (g)

2 (1) $(a =) 10b + c$　(2) $3a + 5b = 1685$

3 (1) $3x < 5(y - 4)$　(2) $\dfrac{a}{60} + \dfrac{b}{100} \leqq 20$　(3) $a - 3b \leqq 5$

4 (1) $(h =) \dfrac{3V}{S}$　(2) $(y =) 4x - 2$　(3) $(b =) \dfrac{3a - 4c}{5}$　(4) $(x =) \dfrac{yz}{y - z}$

◇ 解説 ◇

1 (1) 5人が出したお金の合計から支払う金額をひけばよいから，$a \times 5 - b \times 3 = 5a - 3b$ (円)

(2) 今月作られた製品の個数は，先月作られた製品の個数の，$1 + \dfrac{25}{100} = \dfrac{125}{100}$ (倍)だから，

先月作られた製品の個数は，$a \div \dfrac{125}{100} = \dfrac{4}{5}a$ (個)

(3) (縦の長さ) + (横の長さ)が$\dfrac{a}{2}$ cmだから，横の長さは，$\left(\dfrac{a}{2} - b\right)$ cm。

(4) $40 \times a + 4 \times b = 84$ より，$4b = 84 - 40a$ なので，$b = 21 - 10a$

(5) a %の食塩水200gに含まれる食塩の量は，$200 \times \dfrac{a}{100} = 2a$ (g)　b %の食塩水100g

に含まれる食塩の量は，$100 \times \dfrac{b}{100} = b$ (g)　よって，求める食塩の量は，$(2a + b)$ g。

2 (1) $a - 10 \times b = c$ より，$a = 10b + c$

(2) $a \times \dfrac{300}{100} + b \times \dfrac{500}{100} = 1685$ より，$3a + 5b = 1685$

3 (2) 歩いたのは $\dfrac{a}{60}$ 分，走ったのは $\dfrac{b}{100}$ 分だから，$\dfrac{a}{60} + \dfrac{b}{100} \leqq 20$

(3) 切り取ったリボンの長さは，$b \times 3 = 3b$ (cm)なので，$a - 3b \leqq 5$

4 (1) 両辺を3倍して，$3V = Sh$　よって，$h = \dfrac{3V}{S}$

(2) 両辺を3でわって，$4x - y = 2$ より，$4x - 2 = y$　よって，$y = 4x - 2$

(3) 両辺を 3 倍して，$3a = 5b + 4c$ より，$5b = 3a - 4c$　よって，$b = \dfrac{3a - 4c}{5}$

(4) $\dfrac{1}{x} = \dfrac{1}{z} - \dfrac{1}{y}$ より，$\dfrac{1}{x} = \dfrac{y - z}{yz}$　よって，$x = \dfrac{yz}{y - z}$

7．単項式の乗除

1 (1) $-9a^2b$　(2) $7a$　(3) $9y$　(4) $\dfrac{3}{2}y^2$

2 (1) $18a^2b$　(2) $\dfrac{4}{5}y$　(3) $6ab$　(4) $\dfrac{3}{2}ab$　(5) $9x^2$　(6) $-25xy^2$

3 (1) $36a^3$　(2) $\dfrac{15}{2}b$　(3) $-8x$　(4) $3ab$　(5) $-8ab$　(6) $\dfrac{a^5b^5}{5}$　(7) $-b^8$　(8) $\dfrac{y^4}{2}$

(9) $-\dfrac{xy^2}{2}$　(10) $-\dfrac{1}{36}x^3y^6$

◇ 解説 ◇

1 (1) 与式 $= -\dfrac{6ab \times 3a}{2} = -9a^2b$

(2) 与式 $= \dfrac{63a^2b}{9ab} = 7a$

(3) 与式 $= 6xy \times \dfrac{3}{2x} = 9y$

(4) 与式 $= \dfrac{9}{4}xy^3 \times \dfrac{2}{3xy} = \dfrac{3}{2}y^2$

2 (1) 与式 $= \dfrac{6ab^2 \times 3a}{b} = 18a^2b$

(2) 与式 $= \dfrac{4x \times 2xy}{5 \times 2x^2} = \dfrac{4}{5}y$

(3) 与式 $= \dfrac{9ab^2 \times 2a}{3ab} = 6ab$

(4) 与式 $= \dfrac{4ab^2 \times 3a^2}{8a^2b} = \dfrac{3}{2}ab$

(5) 与式 $= \dfrac{27x^2y \times 3x}{9xy} = 9x^2$

(6) 与式 $= -\dfrac{3x^2y}{1} \times \dfrac{5}{3x} \times \dfrac{5y}{1} = -25xy^2$

3 (1) 与式 $= 4a \times 9a^2 = 36a^3$

(2) 与式 $= 9a^2b^2 \times \dfrac{5}{6a^2b} = \dfrac{15}{2}b$

(3) 与式 $= -18x^3y^2 \times \dfrac{4}{9x^2y^2} = -8x$

(4) 与式 $= 4a^2 \times \dfrac{1}{8a} \times 6b = 3ab$

(5) 与式 $= 36a^2 \times 2ab^2 \div (-9a^2b) = -\dfrac{36a^2 \times 2ab^2}{9a^2b} = -8ab$

(6) 与式 $= a^6b^2 \div 5ab \times b^4 = \dfrac{a^6b^2 \times b^4}{5ab} = \dfrac{a^5b^5}{5}$

(7) 与式 $= -a^3b^6 \div ab^4 \times \dfrac{b^6}{a^2} = -a^3b^6 \times \dfrac{1}{ab^4} \times \dfrac{b^6}{a^2} = -b^8$

(8) 与式 $= 2x^2y^2 \times \dfrac{x^2y^4}{9} \div \dfrac{4x^4y^2}{9} = \dfrac{2x^2y^2 \times x^2y^4 \times 9}{9 \times 4x^4y^2} = \dfrac{y^4}{2}$

(9) 与式 $= -\dfrac{x^3y}{6} \times \dfrac{9x^4y^4}{4} \times \dfrac{4}{3x^6y^3} = -\dfrac{xy^2}{2}$

(10) 与式 $= \dfrac{x^2y^4}{4} \times \left(-\dfrac{3}{x^2y}\right) \times \dfrac{x^3y^3}{27} = -\dfrac{x^2y^4 \times 3 \times x^3y^3}{4 \times x^2y \times 27} = -\dfrac{1}{36}x^3y^6$

8. 多項式の計算

1 (1) $\dfrac{1}{20}x$　(2) $\dfrac{7}{10}x - 3$　(3) $3a + 6$

2 (1) $22a - b$　(2) $x - y$　(3) $-a + 25b$

3 (1) $\dfrac{7a - 3b}{4}$　(2) $\dfrac{x - 4y}{3}$　(3) $\dfrac{5x - 11y}{12}$　(4) $\dfrac{x + 7y}{6}$　(5) $-5a + \dfrac{25}{4}b$　(6) $\dfrac{-3x + y}{14}$

(7) $\dfrac{7x - 6y}{6}$　(8) $-\dfrac{5}{4}y$

4 (1) $-36a^2 + 4ab$　(2) $-4a + 2b + 6$　(3) $2a + 1$

◇ 解説 ◇

1 (1) 与式 $= \dfrac{16}{20}x - \dfrac{15}{20}x = \dfrac{1}{20}x$

(2) 与式 $= \dfrac{x}{2} - 2 + \dfrac{x}{5} - 1 = \dfrac{5}{10}x + \dfrac{2}{10}x - 3 = \dfrac{7}{10}x - 3$

(3) 与式 $= -2a + 7 - 1 + 5a = 3a + 6$

2 (1) 与式 $= 15a + 3b + 7a - 4b = 22a - b$

(2) 与式 $= 8x - 4y - 7x + 3y = x - y$

(3) 与式 $= 7a - 7b - 8a + 32b = -a + 25b$

3 (1) 与式 $= \dfrac{2(3a - b) + (a - b)}{4} = \dfrac{6a - 2b + a - b}{4} = \dfrac{7a - 3b}{4}$

(2) 与式 $= \dfrac{3(2x-y)-(5x+y)}{3} = \dfrac{6x-3y-5x-y}{3} = \dfrac{x-4y}{3}$

(3) 与式 $= \dfrac{3(3x-y)-4(x+2y)}{12} = \dfrac{9x-3y-4x-8y}{12} = \dfrac{5x-11y}{12}$

(4) 与式 $= \dfrac{2(5x+2y)-3(3x-y)}{6} = \dfrac{10x+4y-9x+3y}{6} = \dfrac{x+7y}{6}$

(5) 与式 $= a + \dfrac{5}{2}b - 6a + \dfrac{15}{4}b = -5a + \dfrac{25}{4}b$

(6) 与式 $= \dfrac{7(x-3y)+14y-2(5x-4y)}{14} = \dfrac{7x-21y+14y-10x+8y}{14} =$

$\dfrac{-3x+y}{14}$

(7) 与式 $= \dfrac{2x-y+3(x-y)-2(-x+y)}{6} = \dfrac{2x-y+3x-3y+2x-2y}{6} =$

$\dfrac{7x-6y}{6}$

(8) 与式 $= \dfrac{4(2x-5y)+3(5y-2x)-2(x+5y)}{12} =$

$\dfrac{8x-20y+15y-6x-2x-10y}{12} = -\dfrac{15}{12}y = -\dfrac{5}{4}y$

4 (2) 与式 $= (2a^2b - ab^2 - 3ab) \times \left(-\dfrac{2}{ab}\right) = -4a + 2b + 6$

(3) 与式 $= (8a^3b^2 + 4a^2b^2) \div 4a^2b^2 = 2a + 1$

9．多項式の展開

1 (1) $x^3 - x$　(2) $12x^2 - 7x - 10$　(3) $x^2 - 9x + 20$　(4) $a^2 - 2ab - 35b^2$

(5) $x^2 - 6x + 9$　(6) $25x^2 - 20xy + 4y^2$　(7) $x^2 - 49$　(8) $4x^2 - y^2$

2 (1) $-4a^2 + 18$　(2) $9x^2$　(3) $13a^2 + 4ab$　(4) $-9x + 19$　(5) $a^2 + 3a - 16$

(6) $x^2 + 6xy + 9y^2 - 1$　(7) 9　(8) $4x^2 - 8x + 16$

◇ **解説** ◇

1 (1) 与式 $= x \times x^2 - x \times 1 = x^3 - x$

(2) 与式 $= 12x^2 - 15x + 8x - 10 = 12x^2 - 7x - 10$

(3) 与式 $= x^2 + (-4-5)x + (-4) \times (-5) = x^2 - 9x + 20$

(4) 与式 $= a^2 + (5b - 7b)a + 5b \times (-7b) = a^2 - 2ab - 35b^2$

(5) 与式 $= x^2 - 2 \times x \times 3 + 3^2 = x^2 - 6x + 9$

(6) 与式 $= (5x)^2 - 2 \times 5x \times 2y + (2y)^2 = 25x^2 - 20xy + 4y^2$

(7) 与式 $= x^2 - 7^2 = x^2 - 49$

(8) 与式 $= (2x)^2 - y^2 = 4x^2 - y^2$

2 (1) 与式 $= (3 - 2a)(3 + 2a) + 9 = 3^2 - (2a)^2 + 9 = 9 - 4a^2 + 9 = - 4a^2 + 18$

(2) 与式 $= 4x^2 + 4x + 1 + 5x^2 - 5x + x - 1 = 9x^2$

(3) 与式 $= 4a^2 + 4ab + b^2 + 9a^2 - b^2 = 13a^2 + 4ab$

(4) 与式 $= x^2 - 6x + 9 - (x^2 + 3x - 10) = x^2 - 6x + 9 - x^2 - 3x + 10 = - 9x + 19$

(5) 与式 $= 3(a^2 + a - 6) - 2(a^2 - 1) = 3a^2 + 3a - 18 - 2a^2 + 2 = a^2 + 3a - 16$

(6) $x + 3y = $ A とすると，与式 $= (A - 1)(A + 1) = A^2 - 1 = (x + 3y)^2 - 1 = x^2 +$
$6xy + 9y^2 - 1$

(7) $x - 1 = $ A, $x + 2 = $ B とすると，与式 $= A^2 - 2AB + B^2 = (A - B)^2 = \{(x - 1) - (x + 2)\}^2 = (- 3)^2 = 9$

(8) $x^2 - 2x + 4 = $ A とすると，与式 $= (x + 2)A - (x - 2)A = A(x + 2 - x + 2) = (x^2 - 2x + 4) \times 4 = 4x^2 - 8x + 16$

10. 因数分解

1 (1) $x(x - y)$　(2) $3xy(2x + y)$　(3) $(x + 1)(x + 3)$　(4) $(x - 2)(x - 6)$

(5) $(x + 10y)(x - 2y)$　(6) $(x - 14y)(x + 4y)$　(7) $(x + 2y)^2$　(8) $(x - 11)^2$

(9) $(x + 6)(x - 6)$　⑽ $(7x + 9y)(7x - 9y)$

2 (1) $2(x - 3)(x + 6)$　(2) $a(x + 8y)(x - 2y)$　(3) $5a(x - 4)^2$

(4) $y(3x + y)(3x - y)$

3 (1) $(x + y - 3)(x + y - 4)$　(2) $(x - 3)(x + 7)$　(3) $(a - 5)^2$

(4) $(x + 2y - 2)(x - 2y - 2)$　(5) $8x(x + 2y)$　(6) $(x + 2)(x - 2)(x + 3)(x - 3)$

4 (1) $(3x + 5y)(3x - 5y)$　(2) $(x - 8)(x + 2)$　(3) $(x + 3)(x - 5)$

(4) $(x - 7)(x + 5)$　(5) $(x - 4)(x + 2)$　(6) $(x - 2y)(x - 5y)$

(7) $(x - 13y)(x - 15y)$　(8) $2(a + 2b)(a - 2b)$

5 (1) $(x + 1)(y - 6)$　(2) $(x - 2)(xy + z)$　(3) $(x - y - 2)(x - y - 3)$

(4) $(x + y + 4)(x - y - 4)$　(5) $(xy + y - 1)(xy - y - 1)$　(6) $(a + 3b)(a - 2b + c)$

(7) $(a + b)(a - b)(x + y)(x - y)$　(8) $(x - y + 3z)(x - y - 2z)$

◇ 解説 ◇

1 (1) 共通因数は x なので，与式 $= x(x - y)$

(2) 共通因数は $3xy$ なので，与式 $= 3xy(2x + y)$

(3) 和が 4，積が 3 の 2 数は 1 と 3 だから，与式 $= (x + 1)(x + 3)$

(4) 和が $- 8$，積が 12 の 2 数は $- 2$ と $- 6$ だから，与式 $= (x - 2)(x - 6)$

(5) 和が $8y$，積が $- 20y^2$ の 2 式は $10y$ と $- 2y$ だから，与式 $= (x + 10y)(x - 2y)$

(6) 和が $- 10y$，積が $- 56y^2$ の 2 式は $- 14y$ と $4y$ だから，与式 $= (x - 14y)(x + 4y)$

(7) 与式 $= x^2 + 2 \times x \times 2y + (2y)^2 = (x + 2y)^2$

(8) 与式 $= x^2 - 2 \times 11 \times x + 11^2 = (x - 11)^2$

(9) 与式 $= x^2 - 6^2 = (x + 6)(x - 6)$

(10) 与式 $= (7x)^2 - (9y)^2 = (7x + 9y)(7x - 9y)$

2 (1) 与式 $= 2(x^2 + 3x - 18) = 2(x - 3)(x + 6)$

(2) 与式 $= a(x^2 + 6xy - 16y^2) = a(x + 8y)(x - 2y)$

(3) 与式 $= 5a(x^2 - 8x + 16) = 5a(x - 4)^2$

(4) 与式 $= y(9x^2 - y^2) = y(3x + y)(3x - y)$

3 (1) $x + y = $ A とおくと，与式 $= $ A$^2 - 7$A$ + 12 = (A - 3)(A - 4) = (x + y - 3)(x + y - 4)$

(2) $x + 3 = $ A とおくと，与式 $= $ A$^2 - 2$A$ - 24 = (A - 6)(A + 4) = (x + 3 - 6)(x + 3 + 4) = (x - 3)(x + 7)$

(3) $a - 2 = $ A とおくと，与式 $= $ A$^2 - 6$A$ + 9 = (A - 3)^2 = (a - 2 - 3)^2 = (a - 5)^2$

(4) 与式 $= (x - 2)^2 - (2y)^2 = \{(x - 2) + 2y\}\{(x - 2) - 2y\} = (x + 2y - 2)(x - 2y - 2)$

(5) 与式 $= \{(3x + 2y) + (x - 2y)\}\{(3x + 2y) - (x - 2y)\} = 4x(2x + 4y) = 4x \times 2(x + 2y) = 8x(x + 2y)$

(6) $x^2 - 5 = $ A とおくと，与式 $= $ A$^2 - 3$A$ - 4 = (A + 1)(A - 4) = (x^2 - 5 + 1)(x^2 - 5 - 4) = (x^2 - 4)(x^2 - 9) = (x + 2)(x - 2)(x + 3)(x - 3)$

4 (1) 与式 $= 9x^2 - 25y^2 = (3x)^2 - (5y)^2 = (3x + 5y)(3x - 5y)$

(2) 与式 $= x^2 - 6x - 16 = (x - 8)(x + 2)$

(3) 与式 $= x^2 + x - 3x - 15 = x^2 - 2x - 15 = (x + 3)(x - 5)$

(4) 与式 $= x^2 - 2x - 24 - 11 = x^2 - 2x - 35 = (x - 7)(x + 5)$

(5) 与式 $= x^2 - 7x - 8 + 5x = x^2 - 2x - 8 = (x - 4)(x + 2)$

(6) 与式 $= x^2 - 2xy + y^2 - 5xy + 9y^2 = x^2 - 7xy + 10y^2 = (x - 2y)(x - 5y)$

(7) 与式 $= x^2 - 24xy + 144y^2 - 4xy + 51y^2 = x^2 - 28xy + 195y^2 = (x - 13y)(x - 15y)$

(8) 与式 $= 2a^2 + 2ab - 5ab - 5b^2 + 3ab - 3b^2 = 2a^2 - 8b^2 = 2(a^2 - 4b^2) = 2(a + 2b)(a - 2b)$

5 (1) 与式 $= x(y - 6) + (y - 6)$　$y - 6 = $ A とおいて，与式 $= x$A$ + A = (x + 1)A = (x + 1)(y - 6)$

(2) 与式 $= (x^2y - 2xy) + (xz - 2z) = xy(x - 2) + z(x - 2) = (x - 2)(xy + z)$

(3) 与式 $= (x^2 - 2xy + y^2) - 5(x - y) + 6 = (x - y)^2 - 5(x - y) + 6$　$x - y = $ M とおくと，与式 $= $ M$^2 - 5$M$ + 6 = (M - 2)(M - 3) = (x - y - 2)(x - y - 3)$

(4) 与式 $= x^2 - (y^2 + 8y + 16) = x^2 - (y + 4)^2 = \{x + (y + 4)\}\{x - (y + 4)\} = (x + y + 4)(x - y - 4)$

(5) 与式 $= x^2y^2 - 2xy + 1 - y^2 = (xy - 1)^2 - y^2 = (xy - 1 + y)(xy - 1 - y) = (xy + $

$y - 1)(xy - y - 1)$

(6) 与式 $= a^2 + (3b - 2b)a + 3b \times (-2b) + ac + 3bc = (a + 3b)(a - 2b) + (a + 3b) \times c = (a + 3b)(a - 2b + c)$

(7) 与式 $= a^2(x^2 - y^2) - b^2(x^2 - y^2) = (a^2 - b^2)(x^2 - y^2) = (a + b)(a - b)(x + y)(x - y)$

(8) $x - y - z = $ A とおくと，与式 $= 2A^2 - (A - z)(A - 2z) - 2z^2 = 2A^2 - (A^2 - 3zA + 2z^2) - 2z^2 = 2A^2 - A^2 + 3zA - 2z^2 - 2z^2 = A^2 + 3zA - 4z^2 = (A + 4z)(A - z) = (x - y - z + 4z)(x - y - z - z) = (x - y + 3z)(x - y - 2z)$

11. 式 の 値

1 (1) 11　(2) 8　(3) -4　(4) -180

2 (1) -3　(2) 60　(3) 42　(4) 23

3 (1) 87　(2) 25　(3) 8

4 (1) 2　(2) 5　(3) 28　(4) 3

5 (1) -5　(2) $\dfrac{45}{2}$

◇ 解説 ◇

1 (1) 与式 $= 2 + (-3)^2 = 2 + 9 = 11$

(2) 与式 $= 2a = 2 \times 4 = 8$

(3) 与式 $= 2x - y - 6 + 3x + 3y + 6 = 5x + 2y = 5 \times (-2) + 2 \times 3 = -4$

(4) 与式 $= -\dfrac{8xy^2 \times 5xy}{2y^3} = -20x^2 = -20 \times 3^2 = -20 \times 9 = -180$

2 (1) 与式 $= (x + 2y)(3x + y) = \{1 + 2 \times (-2)\} \times \{3 \times 1 + (-2)\} = -3 \times 1 = -3$

(2) 与式 $= 6x^2 - 12xy - 4y^2 + 12xy = 6x^2 - 4y^2 = 6 \times 4^2 - 4 \times 3^2 = 96 - 36 = 60$

(3) 与式 $= x^2 - 3xy - 4y^2 + 4y^2 = x^2 - 3xy = 6^2 - 3 \times 6 \times \left(-\dfrac{1}{3}\right) = 36 + 6 = 42$

(4) 与式 $= 9a^2 + 24a + 16 - 9a^2 - 18a = 6a + 16 = 6 \times \dfrac{7}{6} + 16 = 7 + 16 = 23$

3 (1) 与式 $= (4a + b)(4a - b) = (4 \times 11 + 43)(4 \times 11 - 43) = 87 \times 1 = 87$

(2) 与式 $= (x - 2y)^2 = (27 - 2 \times 11)^2 = (27 - 22)^2 = 5^2 = 25$

(3) 与式 $= \{(2a + b) + (2a - b)\}\{(2a + b) - (2a - b)\} = 4a \times 2b = 8ab$　これに，$a = 4$，$b = 0.25 = \dfrac{1}{4}$ を代入して，$8 \times 4 \times \dfrac{1}{4} = 8$

4 (1) 与式 $= a(a + 2) = (\sqrt{3} - 1)(\sqrt{3} - 1 + 2) = (\sqrt{3} - 1)(\sqrt{3} + 1) = 3 - 1 = 2$

(2) 与式 $= (a - 3)^2 = (\sqrt{5} + 3 - 3)^2 = (\sqrt{5})^2 = 5$

(3) 与式 $= (x + y)^2 = \{(\sqrt{7} - \sqrt{5}) + (\sqrt{7} + \sqrt{5})\}^2 = (2\sqrt{7})^2 = 28$

(4) $2\sqrt{7} = \sqrt{28}$ で，$\sqrt{25} < \sqrt{28} < \sqrt{36}$ より，$5 < \sqrt{28} < 6$ だから，$a = 2\sqrt{7} - 5$　よって，$a^2 + 10a = a(a + 10) = (2\sqrt{7} - 5)(2\sqrt{7} + 5) = (2\sqrt{7})^2 - 5^2 = 28 - 25 = 3$

5 (1) $\dfrac{1}{x} + \dfrac{1}{y} = \dfrac{y}{xy} + \dfrac{x}{xy} = \dfrac{x + y}{xy} = (x + y) \div xy$　よって，求める式の値は，$-10 \div 2 = -5$

(2) $a^2 + b^2 = a^2 + 2ab + b^2 - 2ab = (a + b)^2 - 2ab$　よって，求める式の値は，$6^2 - 2 \times \dfrac{27}{4} = 36 - \dfrac{27}{2} = \dfrac{45}{2}$